花のたね・木の実のちえ ⑤
オナモミのとげ

偕成社

秋の川原です。
いちめんが、茶色く、かれた草でおおわれています。
なかでも、せが高く、とげとげの実をつけた草が目をひきます。
これは、なんの草でしょうか。

これは、オナモミです。
オオオナモミという種類で、
日本じゅうでふつうに見られるオナモミです。
実は、長さが2センチほどで、
ピーナッツぐらいの大きさです。

オナモミの実には、
するどいとげが、たくさんついていて、
手でさわると、ちくちくします。

オナモミの実は、
「ひっつき虫」ともいわれます。
秋、川原であそんでいると、
気づかないうちに、
服にたくさんのオナモミの実が、
くっついていることがあります。

オナモミの実は、動物の毛にもくっつきます。
ほら、イノシシの親子にくっつきました。
どうして、服や毛にくっつくのでしょうか。

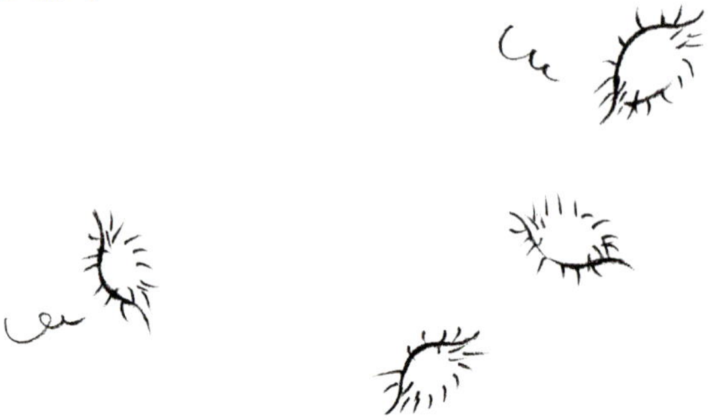

そのひみつは、実にたくさんついている、とげにあります。
とげをよく見ると、先が、かぎばりのようにまがっています。
ここが、服の糸や動物の毛にひっかかるのです。
とげが1本だと、すぐにぬけて、おっこちてしまいますが、
たくさんのとげが、たくさんの糸や毛とからまるので、
オナモミの実は、かんたんにはおちません。

イノシシの親子は、
オナモミの実をくっつけたまま、歩いていきます。
すると、からまりあっていたとげと毛が
だんだんほどけていき、
やがて実は、どこかで地面におちます。
イノシシは、自分でも知らないうちに、
オナモミの実を、遠くまではこんでいたのです。

地面におちたオナモミの実は、冬のあいだは休んでいて、
春になると、からをやぶって、根をのばしはじめます。

春のなかばには、小さなめが顔を出して、
葉をのばしながら、とげとげのからをぬぎすてて……
十文字にならんだ、4まいの葉がそろいました。

夏になりました。
春にめばえた、たくさんのオナモミが、
川原をうめつくしています。
強い日ざしをうけて、せを高くのばし、
葉を大きくひろげます。

オナモミの葉は、
先が3つに分かれています。
そして、おもてにも、うらにも、
みじかい毛が、
びっしりと生えています。

おや、トンボがとまりました。
ざらざらした
オナモミの葉には、
とまりやすいのでしょう。

くきの分かれめや、葉のつけねには、
小さなまるいものや、とんがったものが、かたまってついています。
これは、オナモミの花のつぼみです。

つぼみは、だんだん大きくなり、
夏のおわりごろ、花をさかせます。
花には、花びらはありませんが、
ところどころ、
ほんのりと赤みをおびています。

お花

め花

オナモミの花には、お花、め花があります。
お花は小さな花のあつまりです。ちょろちょろ出ているのがおしべです。
め花には、とげがたくさんついています。やがて実になるところです。

オナモミのせたけは、1メートルくらいにのびています。
まわりの草のなかでも、せが高いほうです。
そのほうが、風をうけやすく、花ふんをとばしやすいのです。

秋になりました。
川原のオナモミは、夏よりも大きくのびて、
たくさんの実をつけました。
お花からとんできた花ふんをうけとって、
め花が大きくふくらんだのです。
とげとげは、かたく、するどくなり、
実もくきも、さらに赤く色づいてきました。

秋がふかまりました。
オナモミの実は、じゅくして、
茶色くなりました。
これで、人や動物にくっついて、
はこばれるじゅんびができました。

なかには、川のそばに生えていたオナモミから、
川におっこちる実もあります。

でも、だいじょうぶ。
オナモミの実は、水に強く、うかびやすくできているので、
ながされて、どこかのきしにたどりつけば、
そこで、めを出すこともできます。

オナモミは、冬には、すっかりかれてしまいます。
でも、オナモミのくきは、かれたあとも、
たくさんの実をつけたまま、まっすぐ立っています。
茶色の実は、だれかにはこんでもらえるのを、
こうして、じっとまっているのです。

オナモミってどんな草？

いろいろなオナモミ

▲日本にむかしから生えているオナモミ。　▲外国生まれのイガオナモミ。

　とげとげの実をつけるオナモミのなかまには、日本にむかしから生えているオナモミ、外国から入ってきた、オオオナモミやイガオナモミなどの種類があります。この本でしょうかいしたのは、外国生まれのオオオナモミで、川原や空き地に、たくさん生えています。

　オオオナモミやイガオナモミは、日本のオナモミよりもせが高く、実は大きくて、とげの数も多めです。日本のオナモミは、近ごろでは、数が少なくなってしまい、ほとんど見られません。そのかわりに、オオオナモミが、日本じゅうで見られるようになりました。

どうしてとげが生えている？

▲シカのしっぽについたオナモミの実（▲）。とげがからまって、かんたんにはおちない。

　オナモミのなかまの実には、先がまがったとげがたくさん生えていて、動物の毛や、服の糸にくっつきます。たくさんのとげが、たくさんの毛や糸とからまりあうので、かんたんにはおちません。動物や人は、くっついたことに気づかずに、オナモミの実を遠くにはこんでいるのです。

　また、オナモミのたねには、えいようがたっぷりつまっています。もし、とげがなかったら、すぐに動物に食べられてしまうでしょう。オナモミの実には、たねを守るため、とげがたくさん生えるようになったのかもしれません。

ふたつのたねはなんのため？

　オナモミの実を切ってみると、中には、大きいたねと小さいたねが、ひとつずつ入っています。なぜ、ふたつのたねがあるのでしょう？

　大きいたねと小さいたねでは、大きいたねが先にめばえます。そのめが大きくそだつと、小さいたねから出ためは、日かげになって大きくなれません。でも、大きいたねから出ためがぶじにそだたなかったときは、小さいたねのめが大きくなって、たくさんの実をつけます。

　これも、川原や空き地など、水があふれたり、土がほりかえされたりと、きけんが多い場所にそだつ、オナモミのちえなのです。

▲オオオナモミの実をたてに切ったところ。たねがふたつならんで入っている。

▲たねをとりだしてみた。大きいたねと小さいたねがあることがわかる。

いろいろな「ひっつき虫」

　オナモミのなかまの実は、先がくるっとまがった、たくさんのとげで、動物の毛や、人の服にくっついて、遠くにはこばれます。こんなふうに、毛や服にくっつく実やたねは、よく「ひっつき虫」とよばれます。

　ひっつき虫には、オナモミのなかまのほかにも、先がまがったこまかい毛がひっかかるヌスビトハギやキンミズヒキ、大きなとげにぎゃくむきに生えた小さなとげがひっかかるセンダングサのなかまなどがあります。また、メナモミやチヂミザサなどのように、べたべたしていて毛や服にはりつくものもあります。

❶ヌスビトハギの実。表面に、こまかい毛がたくさん生えていて、くっつく。
❷アメリカセンダングサの実。大きなとげに、ぎゃくむきに生えた小さなとげが見える。
❸メナモミの実。べたべたしたでっぱりが、たくさん生えている。

監修

多田多恵子（ただ・たえこ）

東京生まれ。東京大学卒、理学博士。立教大学、東京農工大学、国際基督教大学非常勤講師。専門は植物生態学。いつもわくわくしながら、植物の繁殖戦略や動物との相互関係を追いかけている。著書に『森の休日3・葉っぱ博物館』『街の休日・歩いて親しむ　街路樹の散歩みち』『花の声　街の草木の語る知恵』（いずれも山と溪谷社）、『したたかな植物たち』（ＳＣＣ）、絵本に『ちいさなかがくのとも　びっくりまつぼっくり』『かがくのとも　ハートのはっぱ　かたばみ』（いずれも福音館書店）など多数。また、ラジオ番組「全国こども電話相談室」（ＴＢＳラジオ）で植物の不思議を楽しく解説する、"植物のせんせい"（レギュラー回答者）として活躍中。

写真	飯村茂樹・海野和男・埴沙萠・宮崎学・浜口千秋・平野隆久（提供：ネイチャー・プロダクション）・多田多恵子
撮影協力	八尋由佳・八尋裕史
ブックデザイン	椎名麻美
本文イラスト	田中知絵
文章協力	大地佳子
校閲	川原みゆき
製版ディレクター	郡司三男（株式会社ＤＮＰメディア・アート）
編集・著作	ネイチャー・プロ編集室（三谷英生・寒竹孝子）

※本書は、オオオナモミを中心に構成していますが、一部ちがう種類も入っています。

花のたね・木の実のちえ❺

オナモミのとげ

2008年3月　1刷
2021年4月　9刷

編　著	ネイチャー・プロ編集室
発行者	今村正樹
発行所	株式会社　偕成社
	〒162-8450　東京都新宿区市谷砂土原町3-5
	☎（編集）03-3260-3229　（販売）03-3260-3221
	http://www.kaiseisha.co.jp/
印　刷	大日本印刷株式会社
製　本	株式会社難波製本

© 2008 NATURE PRO. ED.
Published by KAISEI-SHA, Ichigaya Tokyo 162-8450
Printed in Japan
ISBN978-4-03-414350-6

NDC471　32P．28cm×22cm
※落丁・乱丁本は、おとりかえいたします。
本のご注文は電話・ファックスまたはＥメールでお受けしています。
Tel: 03-3260-3221　Fax: 03-3260-3222　E-mail: sales@kaiseisha.co.jp